变电设备电气试验

BIANDIAN SHEBEI DIANQI SHIYAN
BIANXIE SHOUCE

国网晋城供电公司　组编

中国电力出版社
CHINA ELECTRIC POWER PRESS

图书在版编目（CIP）数据

变电设备电气试验便携手册/国网晋城供电公司组编．—北京：中国电力出版社，2020.5
ISBN 978-7-5198-4604-6

Ⅰ．①变…　Ⅱ．①国…　Ⅲ．①变电所–电气设备–电工试验–手册　Ⅳ．①TM63-62

中国版本图书馆 CIP 数据核字（2020）第 070797 号

出版发行：中国电力出版社
地　　址：北京市东城区北京站西街 19 号（邮政编码 100005）
网　　址：http://www.cepp.sgcc.com.cn
责任编辑：薛　红（010-63412346）
责任校对：黄　蓓　朱丽芳
装帧设计：张俊霞
责任印制：石　雷

印　　刷：三河市百盛印装有限公司
版　　次：2020 年 5 月第一版
印　　次：2020 年 5 月北京第一次印刷
开　　本：880 毫米×1230 毫米　64 开本
印　　张：2
字　　数：49 千字
印　　数：0001—2000 册
定　　价：20.00 元

编写人员名单

主　　编　李　坚

编写人员　张晓鹏　和晋龙　赵登峰
田瑞敏　宰洪涛　尚志冬
侯沁波　田海波　彭　飞
王文华　栗国晋　孟祥海

前　言

为提高变电检修专业高压试验人员的技能水平，优质高效地完成状态检修和设备修试工作，国网晋城供电公司在总结变电检修试验经验的基础上，依据 Q/GDW 1168—2013《输变电设备状态检修试验规程》《国家电网有限公司十八项电网重大反事故措施（2018 年修订版）》、Q/GDW 11059—2013《气体绝缘金属封闭开关设备局部放电带电测试技术现场应用导则》、DL/T 664—2016《带电设备红外诊断应用规范》《国家电网公司变电检测管理规定（试行）》等相关标准编制了《变电设备电气试验便携手册》。本手册涵盖了变压器、断路器、隔离开关、电压互感器、电流互感器、组合电器、避雷器、电力电缆等十五类一次设备，介绍了高压例行试验和诊断性试验的试验项目、试验周期和试验标准，高压电气试验安全问题和技术问题，汇编了近9年来的经典案例；同时留有记录页以供检修试验人员在检修工作过程中记录之用。

本手册内容丰富，小巧灵活，经国网晋城供电公司几年来的现场实际应用，具有很强的操作性和实践性，可为变电检修试验工作人员在开展电气试验时参考使用。

参加本手册编写的主要人员有国网晋城供电公司张晓鹏、和晋龙、赵登峰、田瑞敏、宰洪涛、尚志冬、侯沁波、田海波、彭飞、王文华、栗国晋、孟祥海；国网山西省电力公司正高级工程师李坚对全书进行了最终审核并整理。

鉴于作者水平和时间所限，书中难免有疏漏不妥之处，恳请广大读者批评指正。

编　者

2020.3

目　　录

试验现场记录页

一、例行试验项目

（1）油浸式电力变压器和电抗器：红外热像检测，绕组电阻测量，套管试验，铁芯接地电流测量（带电），铁芯绝缘电阻测量，绕组绝缘电阻测量，绕组绝缘介质损耗因数测量，有载分接开关检查。

（2）电流互感器：红外热像检测，绝缘电阻测量，电容量和介质损耗因数测量。

（3）电磁式电压互感器：红外热像检测，绕组绝缘电阻测量，介质损耗因数测量。

（4）电容式电压互感器：红外热像检测，分压电容器试验二次绕组绝缘电阻测量。

（5）高压套管：红外热像检测，绝缘电阻测量，电容量和介质损耗因数测量。

（6）SF_6断路器：红外热像检测，主回路电阻测量，断口间并联电容器电容量和介质损耗因数测量，SF_6气体湿度检测（带电）。

（7）气体绝缘金属封闭开关设备（GIS）：红外热像检测，SF_6 气体湿度检测（带电），特高频局部放电检测（带电），超声波局部放电检测（带电）。

（8）真空断路器：红外热像检测，绝缘电阻测量，主回路电阻测量。

（9）高压开关柜：红外热像检测，暂态地电压检测（带电），断路器导电回路电阻测量，交流耐压试验，绝缘电阻测量。

（10）隔离开关和接地开关：红外热像检测。

（11）高压并联电容器和集合式电容器：红外热像检测，绝缘电阻测量，电容量测量。

（12）金属氧化物避雷器：红外热像检测，运行中持续电流检测（带电），直流 1mA 电压（U_{1mA}）及 $0.75U_{1mA}$ 下的漏电电流测量，底座绝缘电阻测量，放电计数器功能检查。

（13）电力电缆：红外热像检测，主绝缘电阻测量。

（14）接地装置：设备接地引下线导通检查，接地网接地阻抗测量。

（15）变电站设备外绝缘及绝缘子：红外热像检测。

二、诊断性试验项目

（1）油浸式电力变压器和电抗器：空载电流和空载损耗测量，短路阻抗测量，感应耐压和局部放电测量，绕组频率响应分析，绕组各分接位置电压比，绕组直流泄漏电流测量，外施耐压试验。

（2）电流互感器：交流耐压试验，绕组电阻测量。

（3）电磁式电压互感器：交流耐压试验、电压比校核。

（4）电容式电压互感器：电磁单元感应耐压试验。

（5）高压套管：末屏（如有）介质损耗因数、交流耐压试验。

（6）SF_6断路器：气体密封性检测，气体密度表（继电器）校验，交流耐压试验，SF_6

气体成分分析。

（7）气体绝缘金属封闭开关设备（GIS）：主回路绝缘电阻、主回路电阻测量，主回路交流耐压试验，局部放电测量，气体密封性检测，气体密度表（继电器）校验，SF_6气体成分分析。

（8）真空断路器：交流耐压试验。

（9）高压开关柜：超声波局部放电测试（带电）。

（10）隔离开关和接地开关：主回路电阻测量、支柱绝缘子探伤。

（11）高压并联电容器和集合式电容器：无。

（12）金属氧化物避雷器：无。

（13）电力电缆：电缆主绝缘交流耐压试验。

（14）接地装置：接触电压、跨步电压测量。

（15）变电站设备外绝缘及绝缘子：超声探伤检查。

三、各类设备电气试验项目及标准

1. 油浸式电力变压器和电抗器

（1）例行试验。

1）红外热像检测周期：330kV 及以上 1 个月，220kV 3 个月，110kV 6 个月，35kV 及以下 12 个月。

2）绕组电阻：基准周期为 3 年。1600kVA 以上变压器相间差别小于 2%，线间差别小于 1%；其他小型变压器相间差别小于 4%，线间差别小于 2%。

3）套管试验：末屏绝缘≥1000MΩ，主屏电容量初值差≤±5%，主屏介质损耗 110kV≤1%，220kV≤0.8%，500kV≤0.7%。

4）铁芯接地电流测量（带电）：220kV

及以上基准周期为半年，110kV 及以下基准周期为 1 年，测试值均≤100mA。

5）铁芯绝缘电阻：测试值≥100MΩ。

6）绕组绝缘电阻：吸收比≥1.3 或极化指数≥1.5 或绝缘电阻≥10 000MΩ。

7）绕组绝缘介质损耗因数：330kV 及以上≤0.5%，110/220kV≤0.8%，35kV 及以下≤1.5%。

8）有载分接开关检查：测量切换时间符合厂家说明书标准，过渡电阻初值差≤±10%。

（2）诊断性试验。

1）空载电流和空载损耗：空载电流不应有明显差异，单相变压器相间或三相变压器两边相空载电流差异不超过 10%。

2）短路阻抗测量：宜在最大分接位置和相同电流下测量，测量电流不小于 5A，短路阻抗初值差不超过±2%。

3）感应耐压和局部放电：频率 100～300Hz，电压为出厂值的 80%。

4）绕组频率响应分析：各个波峰、波谷

对应的幅值及频率基本一致时，判断其无变形。

5）绕组各分接位置电压比：初值差≤±0.5%（额定分接），初值差≤±1.0%（其他分接）。

6）绕组直流泄漏电流测量：10kV 绕组直流电压值为 10kV，35kV 绕组直流电压值为 20kV，66～330kV 绕组直流电压值为 40kV，500kV 及以上绕组直流电压值为 60kV（加压 60s 时的泄漏电流与初始值比应没有明显增加，与同型设备比应没有明显差异）。

7）外施交流耐压：耐受电压为出厂试验值的 80%，时间为 60s。

2. 电流互感器

（1）例行试验。

1）红外热像检测周期：330kV 及以上 1 个月，220kV 3 个月，110kV 6 个月，35kV 及以下 12 个月。

2）绝缘电阻：一次绕组绝缘电阻大于3000MΩ，末屏对地大于1000MΩ。

3）电容量：电容量初值差≤±5%。

4）介质损耗因数：110kV≤1%，220kV≤0.8%，500kV≤0.7%，末屏介质损耗小于1.5%。

（2）诊断性试验。

1）交流耐压：试验电压为出厂试验值的80%。

2）绕组电阻测量：测量结果与初值相比无明显增加。

3. 电磁式电压互感器

（1）例行试验。

1）红外热像检测周期：330kV及以上1个月，220kV 3个月，110kV 6个月，35kV及以下12个月。

2）绕组绝缘电阻：一次绕组初值差≤−50%，二次绕组≥10MΩ。

3）绕组绝缘介质损耗因数：串级式≤2%，非串级式≤5%。

（2）诊断性试验。

1）交流耐压：试验电压为出厂试验值的 80%。

2）电压比校核：解体性检修后或需要确认电压比时，进行本项目。在 80%～100%的额定电压范围内，在一次侧施加任一电压值，测量二次侧电压，验证电压比。

4. 电容式电压互感器

（1）例行试验。

1）红外热像检测周期：330kV 及以上 1 个月，220kV 3 个月，110kV 6 个月，35kV 及以下 12 个月。

2）极间绝缘电阻≥5000MΩ，二次绝缘电阻≥10MΩ。

3）电容量初值差≤±2%，介质损耗≤0.5%（油纸），介质损耗≤0.25%（膜纸）

（2）诊断性试验。

电磁单元感应耐压：试验电压为出厂试验

值的 80%。

5. 高压套管

（1）例行试验。

1）红外热像检测周期：330kV 及以上 1 个月，220kV 3 个月，110kV 6 个月，35kV 及以下 12 个月。

2）绝缘电阻：主绝缘≥10 000MΩ，末屏绝缘≥1000MΩ。

3）电容量和介质损耗因数：主屏电容量初值差≤±5%；主屏介质损耗：110kV≤1%，220kV≤0.8%，500kV≤0.7%。

（2）诊断性试验。

1）末屏介质损耗因数≤1.5%。

2）交流耐压：试验电压为出厂试验值的 80%。

6. SF_6 断路器

（1）例行试验。

1）红外热像检测周期：500kV 及以上 1

个月，220～330kV 3 个月，110kV 6 个月，35kV及以下 12 个月。

2）主回路电阻：小于制造厂规定值。

3）断口间并联电容器电容量和介质损耗：电容量初值差≤±5%，介质损耗≤0.5%（油纸），介质损耗≤0.25%（膜纸）。

4）SF_6 气体湿度≤300μL/L。

（2）诊断性试验。

1）气体密封性检测：≤0.5%/年或符合设备技术要求文件；当气体密度表显示密度下降或定性检测发现气体泄漏时，进行检漏。

2）气体密度表（继电器）校验：数据显示异常或达到制造商推荐的校验周期时，进行校验。

3）交流耐压：在额定气压下进行，试验电压为出厂值的 80%。

4）SF_6 气体成分分析：空气≤0.05%（新投运），空气≤0.2%（运行中气体）；纯度≥99.8%（新充装气体），纯度≥97%（运行中气体），SO_2≤1μL/L，H_2S≤1μL/L。

7. 气体绝缘金属封闭开关设备（GIS）

（1）例行试验。

1）红外热像检测周期：500kV 及以上 1 个月，220～330kV 3 个月，110kV 6 个月。

2）SF_6 气体湿度：≤300μL/L。

3）超声波和特高频局部放电带电测试周期：220kV 及以上 1 年，110kV 2 年。

（2）诊断性试验。

1）主回路绝缘电阻无明显下降或符合设备技术文件要求。

2）主回路电阻小于制造厂规定值。

3）主回路交流耐压试验电压为出厂值的 80%。

4）局部放电测量可结合耐压试验同时进行。

5）气体密封性检测≤0.5%/年或符合设备技术要求文件；当气体密度表显示密度下降或定性检测发现气体泄漏时，进行检漏。

6）密度继电器校验数据显示异常或达

到制造商推荐的校验周期时，进行校验。

7）SF_6气体成分分析：空气≤0.05%（新投运），空气≤0.2%（运行中气体）；纯度≥99.8%（新充装气体），纯度≥97%（运行中气体），SO_2≤1μL/L，H_2S≤1μL/L。

8. 真空断路器

（1）例行试验。

1）红外热像检测周期：110kV 及以上 6 个月，35kV 及以下 12 个月。

2）绝缘电阻测量：110kV 及以上 3 年，35kV 及以下 4 年；测量结果≥3000MΩ。

3）主回路电阻测量：110kV 及以上 3 年，35kV 及以下 4 年；初值差≤30%。

（2）诊断性试验。

交流耐压：试验电压为出厂值的 80%。

9. 高压开关柜

（1）例行试验。

1）红外热像检测周期：基准周期 12 个月。

2）暂态地电压带电测试：基准周期 12 个月。

3）主回路电阻测量：基准周期 4 年，初值差≤20%。

4）交流耐压：基准周期 4 年。

5）绝缘电阻：基准周期 4 年，结果符合制造厂规定。

（2）诊断性试验。

超声波局部放电检测：若检测到异常信号可利用特高频检测法、频谱仪和高速示波器等仪器和手段进行综合判断，异常情况应缩短检测周期。

10. 隔离开关和接地开关

（1）例行试验。

1）红外热像检测周期：500kV 及以上 1 个月，220～330kV 3 个月，110kV 6 个月，35kV 及以下 12 个月。

（2）诊断性试验。

1）主回路电阻：≤制造商规定值。

2）支柱绝缘子超声探伤抽检条件：有家族缺陷的、隐患未消除的、经历了有明显震感的地震后、出现了基础沉降。

11. 高压并联电容器和集合式电容器

例行试验：

1）红外热像检测周期：基准周期为 1 年或自定。

2）极对壳绝缘电阻：基准周期为自定（≤6 年）或新投运 1 年内，结果≥2000MΩ；有 6 支套管的三相集合式电容器，应同时测量其相间绝缘电阻。

3）电容量与额定值的相对偏差：3Mvar 以下电容器组为－5%～10%，3～30Mvar 电容器组为 0%～10%，30Mvar 以上电容器组为 0%～5%。任意两线端的最大电容量与最小电容量之比值应不超过 1.05，单台电容器电容量与额定值的相对偏差应为－5%～10%，且初值差不超过±5%。

12. 金属氧化物避雷器

例行试验：

1）红外热像检测周期：500kV 及以上 1 个月，220～330kV 3 个月，110kV 6 个月，35kV 及以下 12 个月。

2）运行中持续电流检测（带电）：基准周期为 110kV 及以上 12 个月，阻性电流初值差≤50%，且全电流≤20%。当阻性电流增加 0.5 倍时应缩短试验周期并加强监测，增加 1 倍时应停电检查。

3）直流 1mA 电压（U_{1mA}）及 $0.75U_{1mA}$ 下的泄漏电流：基准周期为 110kV 及以上 3 年，35kV 及以下 4 年，U_{1mA} 初值差≤±5%，$0.75U_{1mA}$ 下的泄漏电流初值差≤30%或≤50μA。

4）底座绝缘电阻：≥100MΩ。

5）放电计数器功能检查：检查完毕应记录当前读数。

13. 电力电缆

(1)例行试验。

1）红外热像检测周期：330kV 及以上 1 个月，220kV 3 个月，110kV 6 个月，35kV 及以下 12 个月。

2）主绝缘绝缘电阻：110kV 及以上 3 年，35kV 及以下 4 年。用 5000V 绝缘电阻表测量，绝缘电阻与上次相比，不应有显著下降。

(2)诊断性试验。

主绝缘交流耐压试验：试验时长一般为 5min；根据耐压等级 220kV 及以上电压为 $1.36U_0$（U_0 为电缆相电压），110kV 及以上电压为 $1.6U_0$，10～35kV 电压为 $2U_0$。

14. 接地装置

(1)例行试验。

1）接地引下线导通：220kV 及以上 1 年，110kV 3 年，35kV 及以下 4 年；导通电阻≤200mΩ。

2）接地网接地阻抗：基准周期为6年，测试阻抗≤初值的1.3倍。

（2）诊断性试验。

接触电压和跨步电压试验前提条件：接地阻抗明显增加，或接地网开挖检查或修复之后进行测试。

15. 变电站设备外绝缘及绝缘子

（1）例行试验。

红外热像检测周期：330kV及以上1个月，220kV 3个月，110kV 6个月，35kV及以下为12个月。

（2）诊断性试验。

超声探伤检查前提条件：若有断裂、材质或机械强度方面的家族性缺陷，对该家族瓷件进行一次超声探伤抽查，经历了有明显震感的地震后要对所有瓷件进行超声探伤。

四、电气试验安全问题

1. 电力变压器

（1）高空坠落。

危险因素：主变压器斜面上走动；器身上部有油易造成鞋底打滑；踩在二次线、测温线上会滚动或绊脚；注意力不集中，造成踏空或身体前侵或后仰。

解决措施：移动过程中手要抓牢管件；注意力要集中；最好两人在主变压器上工作，减少移动次数，同时增加了工作效率；末屏处接线时，要打好安全带再工作。

（2）高空坠物。

危险因素：手机、接线螺栓、扳手、螺丝刀等工具易掉落。

解决措施：作业时将手机放置于统一保管的手机箱内；扳手、螺丝刀等工具使用时应抓牢，不用时应放入工具包内或放在可靠的平面上；接线螺栓应牢固固定在接线夹上或放置于可靠的平面上。

（3）人身触电。

危险因素：测试直流电阻时，充电过程摘取试验夹；绝缘电阻试验完毕，放电不充分；试验开始后，高压测试线或主变压器短接线掉落；试验开始后，人站在短接线下方或距离高压测试线距离过近；开关柜、母线、母线桥交叉试验作业带来的危险。

解决措施：取试验夹前，试验人员要大声呼唱；容量大的主变压器放电时间应适当延长并多次放电；高压测试线和主变压器短接线应固定牢固，有防止脱落的措施；试验人员接线完毕，要认真观察，不在短接线下方站立或行走，对高压测试线保持足够的安全距离；严禁对母线桥或母线同时耐压试验。

2. 电流互感器

（1）高空坠落。

危险因素：两人共用一绝缘梯，绝缘梯断裂；绝缘梯上部搭接长度不够造成绝缘梯脱落；绝缘梯倾斜角度不够或过大；作业地点地面湿滑或松软；设备架构上移动过程中坠落。

解决措施：严禁两人同时在同一绝缘梯上作业；保证绝缘梯上部搭接长度足够；绝缘梯与地面角度应保持在60°左右；放置绝缘梯的地面应干燥，不打滑，地面较硬；使用绝缘梯作业时应有专人扶持；设备架构上移动时手要抓牢防止打滑。

（2）人身触电。

危险因素：使用金属梯；试验引线乱甩乱抛；高压测试线与绝缘杆之间没用绝缘带固定牢固，绝缘杆挂到被试设备上后，无专人扶持，容易造成绝缘杆倒伏在带电设备上造成事故，或倒伏在试验人员身体上，造成人身触电；试验前未设置封闭围栏，试验范围的设备上有人工作，试验时造成人员触电；相邻设备或上部母线带电，在一次侧或末屏，感应电触电；高压交流耐压试验完毕，由于容性设备感应上的电荷未放电而造成触电。

解决措施：严禁使用金属梯；试验引线要轻放轻收，严禁乱甩乱抛；高压测试线必须用绝缘带固定在绝缘杆上，试验时绝缘杆应由专人扶持，并与高压测试线保持一定的安全距离；试验前应设置临时封闭围栏，并大声呼唱，认真监护，仔细观察，确保整个试验范围内无人工作；打开末屏时，末屏应临时接地；先接好介损仪下端的线后，再把绝缘杆的测试线与TA 一次部位连接；绝缘杆的测试线离开 TA 一次部位后，再拆介损仪下端的线；高压交流耐压完毕，必须对相邻或相近的容性设备充分放电，避免残余电荷伤人。

3. 电容式电压互感器

(1) 高空坠落。

危险因素：两人共用一绝缘梯，绝缘梯断裂；绝缘梯上部搭接长度不够造成绝缘梯脱落；绝缘梯倾斜角度不够或过大；作业地点地面湿滑或松软；设备架构上移动过程中坠落。

解决措施：严禁两人同时在同一绝缘梯上作业；保证绝缘梯上部搭接长度足够；绝缘梯与地面角度应保持在60°左右；放置绝缘梯的地面应干燥，不打滑，地面较硬；使用绝缘梯作业时应有专人扶持；设备架构上移动时手要抓牢防止打滑。

（2）人身触电。

危险因素：停电后，未合接地开关或未挂接地线，即开始工作；使用金属梯；试验引线乱甩乱抛；高压测试线与绝缘杆之间没用绝缘带固定牢固，绝缘杆挂到被试设备上后，无专人扶持，容易造成绝缘杆倒伏在带电设备上造成事故，或倒伏在试验人员身体上，造成人身触电；试验前未设置封闭围栏，试验范围的设备上有人工作，试验时造成人员触电；相邻设备或上部母线带电，在一次侧感应电触电；高压交流耐压试验完毕，由于容性设备感应上的电荷未放电而造成触电；110kV 及以上避雷器直流泄漏电流试验后未对容性设备放电。

解决措施：停电后未接地的电容式电压互感器残留电荷较多，必须充分接地放电；严禁使用金属梯；试验引线要轻放轻收，严禁乱甩乱抛，高压测试线必须用绝缘带固定在绝缘杆上；试验时绝缘杆应由专人扶持，并与高压测试线保持一定的安全距离；试验前应设置临时封闭围栏，并大声呼唱，认真监护，仔细观察，确保整个试验范围内无人工作；高压交流耐压完毕，必须对相邻或相近的容性设备充分放电，避免残余电荷伤人；110kV 及以上避雷器直流泄漏电流试验后，必须对附近的容性设备放电，包括电容式电压互感器和一次电缆。

4. SF_6断路器

（1）人身触电。

危险因素：使用金属梯；试验回路电阻使用高空接线钳时，绝缘杆和测试线倒伏在相邻带电间隔设备上；感应电伤人。

解决措施：严禁使用金属梯；高压测试线必须用绝缘带固定在绝缘杆上；绝缘杆应由专人扶持，缓慢举起和落下。对 500kV SF_6 断路器测试时，尽量采用高空接线钳或绝缘杆接线，防止感应电伤人；试验时，应先将仪器端测试线连接好后，再与一次设备连接；试验结束后，应先将测试线与一次设备断开后，再拆除仪器端。

（2）仪器损坏。

危险因素：仪器外壳未可靠接地，感应电使得仪器损坏。

解决措施：仪器外壳先接地后，再将测试线接一次设备。

（3）机械伤害。

危险因素：测试线由于重力作用掉下来；微水试验时，开关突然分合。

解决措施：测试线应与绝缘杆固定牢固；试验人员必须戴安全帽；微水试验过程中，将把手切换到“就地”状态，并提前与保护、运行、检修人员沟通，说明自己有工作，禁止分合闸操作。

5. 气体绝缘金属封闭开关设备（GIS）

（1）人身触电。

危险因素：试验微水或检漏时，人员爬上GIS设备离套管带电部位太近。

解决措施：靠近套管的工作，必须有专人监护，并仔细观察距离后再工作。

（2）高空坠落。

危险因素：试验微水或检漏时，人员爬上GIS设备打滑或失去重心，导致坠落。

解决措施：在绝缘梯上工作，且绝缘梯有专人扶持；在GIS外壳上移动时，应注意脚下打滑。

（3）机械伤害。

危险因素：在GIS设备上工作时，隔离开关突然分合。

解决措施：工作前将“远方/就地”把手设在“就地”状态，并提前与运行、检修人员沟通，说明自身工作情况，禁止分合闸操作。

6. 高压开关柜

（1）人身触电。

危险因素：隔离开关试验时，离带电母线距离近；小车开关拉出后，误入母线仍带电的柜内；绝缘电阻测试和耐压试验时，未认真检查每个停电设备隔离开关所处的位置；试验时未设置好围栏；母线耐压试验时，其他柜内有人工作；带绝缘护套的铝排拆下后，放在其他带绝缘护套的铝排上一起做耐压试验，易导致上面的铝排残余电荷伤人；试验变压器挪动位置后，一次尾端接地线脱落，造成对人员放电；未断开电源，即进行改接线或检查；主变压器开关柜及刀闸柜或分段开关柜及刀闸柜耐压试验，未将开关柜及刀闸柜作为一个整体看待。

解决措施：隔离开关试验时，应先了解带电部位，绝对不能靠近带电部位；小车开关拉出后，母线仍带电的柜子，严禁开启封闭挡板；绝缘电阻测试和耐压试验时，必须认真核对每个停电设备隔离开关所处的位置，防止由于隔离开关和母线相连导致其他区域工作人员触电伤害；高压试验时，必须设好封闭围栏，并大声呼唱，认真监护，防止无关人员靠近；母线耐压试验时，确保柜内工作人员撤出并处于安全区域，大声呼唱，缓慢升压；带绝缘护套的铝排拆下后，应集中放置并不与被试设备接触，再对开关柜进行耐压试验；每次移动试验位置后，必须认真检查仪器接线的正确性，防止接线脱落、松动等错误发生；改接线或怀疑接线有问题时，必须先关掉仪器开关，拉开电源双极刀闸；主变压器开关柜及刀闸柜或分段开关柜及刀闸柜耐压试验，禁止任何人在试验区域内工作或逗留，且让无关人员退出配电室，设好围栏并设专人监护。

（2）机械伤害。

危险因素：开关柜内接线时，断路器、隔离开关突然分合；手动储能杆插入，切换就地与远方把手，误合储能电源，造成储能杆甩出。

解决措施：提前与保护、运行、检修人员沟通，禁止分合闸操作，避免交叉作业；切换“就地”与“远方”把手前一定要看清位置指示，防止误合储能电源，并确保储能杆没有插入开关机构。

（3）遗留短路线。

危险因素：开关柜耐压使用短接线未拆除造成带接地送电。

解决措施：禁止使用细铜线作为短接线；短接线应编号，并有专用保管箱由专人保管；耐压时，短接线与高压引线应临时连接；试验完毕，先拆除柜内短接线；每次工作完毕后，对保管箱内的短接线进行清点。

（4）开关损坏。

危险因素：对机械闭锁不了解，误合开关。

解决措施：把手在分断闭锁位置时，禁止分合开关。

7. 高压并联电容器和集合式电容器

人身触电。

危险因素：检查故障电容器；绝缘电阻测

试完毕，未放电。

解决措施：故障电容器的两极、外壳必须逐相、逐个对地先放电后，再工作，以免残余电荷伤人；绝缘电阻测试完毕，必须对地充分放电。

8. 金属氧化物避雷器

人身触电。

危险因素：绝缘电阻和直流泄漏电流试验完毕，未放电；直流高压试验，未设封闭围栏；高压试验时，绝缘杆倒伏；感应电伤人；避雷器放电计数器校验仪的使用方法不正确。

解决措施：绝缘电阻和直流泄漏电流测试完毕，必须对地充分放电；封闭围栏必须设好，防止无关人员进入试验区域，试验期间全过程认真呼唱，认真监护；绝缘杆要由专人扶持，防止倒伏；人员与试验高压部位保持足够的安全距离，操作箱必须可靠接地，直流试验完毕，必须将周围的容性设备对地放电；避雷器放电计数器校验仪尾端及首端高压部位严禁用手触碰。

9. 电力电缆

人身触电。

危险因素：绝缘电阻试验完毕，未放电；高压试验时，未设封闭围栏；高压试验时，电缆与设备连接未全部断开；高压试验时，电缆另一侧未设专人看守；怀疑接线有问题改接线时未可靠断电；一条电缆试验时，另一条电缆有人工作。

解决措施：绝缘电阻测试完毕，必须对地充分放电；封闭围栏必须设好并设专人监护，防止无关人员进入试验区域，试验全过程大声呼唱，认真监护；电缆与设备连接必须全部断开，防止由于相序错误，而误加压或误判断；电缆另一侧必须派专人看守，待得到可以撤离的命令后，方可撤离；怀疑接线有问题改接线时，必须先断开电源；一条电缆试验时，与其靠近的电缆或双重编号易于混乱的电缆，不得有人工作，防止误加压和感应电伤人。

10. 接地装置

人身触电。

危险因素：乱抛乱甩试验接线；雷雨天气进行接地阻抗和接地导通测试。

解决措施：严禁乱抛乱甩试验接线，防止抛甩到带电高压设备上；雷雨天气禁止测试，以免雷电伤人。

五、电气试验技术问题

1. 电力变压器

（1）绕组电阻测量。需要注意的问题：

1）需拆除主变压器各侧引线；

2）三相测试夹接线位置需相同；

3）直流电阻互差有问题时，采用仪器的不同测试通道和不同测试线重新测量，加以比较，排除因测试线、测试通道引起的误差；

4）结合主变压器上层油温，对直流电阻数据进行纵向分析；

5）对于大容量的变压器低压侧绕组直流电阻测量，选用大电流充电，但充电时间一般需要十几分钟，待数据逐步减小然后开始增大时刻，才可记录数据；

6）怀疑直阻有问题时，检查接线或结合变比试验，来判断主变压器有无问题；

7）高压侧直流电阻互差超标，应多次调节分接头，以消除分接开关电弧烧损及氧化带来的影响；

8）记住初始分接头位置，试验完毕，恢复初始分接头；

9）无励磁分接开关调分接头后，必须测量直流电阻，防止分接开关内部接触不良。

（2）绝缘电阻测量。需注意的问题：

1）吸收比不低于 1.3，极化指数不低于 1.5，绝缘电阻大于 10 000MΩ；

2）绝缘电阻大于 10 000MΩ以上时，吸收比和极化指数值不做考核要求；

3）纵向分析时，结合主变压器上层油温来判断，温度越高，绝缘电阻越低。

（3）绕组绝缘介质损耗因数测量。需注意的问题：

1）测量宜在顶层油温低于 50℃且高于 0℃时进行，非测量绕组及外壳接地，测量时记录顶层油温和空气相对湿度，必要时分别测量被测绕组对地、被测绕组对其他绕组的绝缘介质损耗因数；

2）测量绕组绝缘介质损耗因数时，应同时测量电容值，若此电容值发生明显变化，应予以注意；

3）分析时应注意温度对介质损耗因数的影响；

4）一个主变压器的各侧绕组对地电容量是基本固定的，如果电容量纵向比较变化太多，可能是绕组变形的问题。

（4）主变压器套管测试。需注意的问题：

若介质损耗超标，应更换套管，套管末屏必须接地良好，否则，悬浮电位易导致局部放电，造成套管损坏或爆炸，可用万用表来检查接地的良好性。

（5）分接开关测试。包括极性开关、选择开关、切换开关。需注意的问题：

1）极性开关的负极性接触不好，则10～17分接头直阻偏大；

2）一侧与另一侧相对应的某一分接头直流电阻偏大（比如1和17分接头），说明是绕组的定触头处接触不良；

3）单分接头或双分接头某一侧偏大（比如 1、3、5、7 分接头），则为选择开关动触头接触不好。

（6）主变压器短路后应做的试验项目。 常做项目如下：

1）绝缘电阻测量。短路后如果低压侧绝缘与高、中压侧绝缘电阻差一个数量级，主变压器则可能存在问题，需要认真排查；短路后如果绝缘电阻很低，只有几百兆欧及以下，主变压器则可能存在问题。

2）直流电阻测量。互差超标，可能存在匝间短路或饼间短路，也需结合历史性数据，根据温度进行换算来判断。

3）绕组变形。短路后，频响法测试，波形图在低频段第一个波峰不一致，波形重合性差，相关系数低，可能内部故障。

4）低电压短路阻抗试验，短路阻抗变化较大，可能存在绕组变形问题。

5）变比试验。做为更进一步判断故障的

依据。

6）介质损耗及电容量试验。介质损耗增长明显，可能存在局部缺陷，电容量互差超过±5%，主变压器存在绕组位移、扭曲、变形等。

2. 站用变压器

（1）根据二次电压的高低和变比计算，来判断调节分接头位置的方向。

（2）调分接头后也需测量直流电阻，通过调整连接片位置来改变分接头的，如果历史数据正确可以不测。

（3）干式站用变压器的测温头测温导线与一次高压部分应保持一定的距离。

（4）因干式站用变压器的绝缘水平低于充油站用变压器，所以交流耐压也比充油站用变压器低。

（5）站用变压器一次直流电阻测量，应对数值有个粗略的估计，在几欧姆到几百欧姆之间，选择合适量程的仪器很有必要。

3. 电流互感器

常见的问题是介质损耗超标，应首先排除表面脏污、空气湿度的影响。二次盒进水受潮，测量末屏绝缘电阻，不低于 1000MΩ，末屏介质损耗应小于 1.5%，介质损耗超标的，需要更换或跟踪试验。

4. 电容式电压互感器

常见的问题是介质损耗超标，应排除表面脏污、空气湿度的影响。由于油漆、铁锈等原因，应排除绝缘杆头接触不良的影响，必要时，爬上 TV 打磨锈蚀后，接上测试夹子，电容量的测试结果，应进行计算分析后，与铭牌值比对。

5. 气体绝缘金属封闭开关设备（GIS）

由于 GIS 中电压互感器为电磁式，过高的电压会导致磁饱和，所以对装有电磁式电压互感器的 GIS 套管 A 相耐压试验时，耐压值应相对降低，一般为$U_m/\sqrt{3}$ kV，即126/$\sqrt{3}$ kV，或252/$\sqrt{3}$ kV，以防电磁式电压互感器损坏。避雷器试验采用直流，而 GIS 直流耐压时，因易集聚导电通道的电荷，所以尽量缩短 GIS 的耐压时间。

6. 高压开关柜

高压开关柜交流耐压时，如果带电显示器二次盒为独立结构，那么二次线不必拆开。如果带电显示器是集成度很高的电气元件，则需将二次线拆开并短路接地。开关柜中避雷器比较隐蔽，故交流耐压时，先仔细查看所有耐压的柜中避雷器是否已经退出，升压时应缓慢，如果电流急剧增长，电压不再增长，应即刻退压，断掉电源，进行检查。

7. 电力电缆

（1）单芯电缆的钢铠及屏蔽层引出软连线一般只在不易受腐蚀且容易观察的一头接。

（2）三芯电缆的两头引出软连线必须都接地。

（3）如果一次电缆较短，串联谐振耐压时，找不到合适的频率，可以将两相或三相并接改变对地电容后一块耐压。

8. 电容器组

（1）如果是不平衡电压跳闸，一般检查电容器的电容量是否正确，绝缘电阻是否合格，放电线圈绝缘电阻是否合格，一次直流电阻是否正常，二次接线有无螺栓松动或接线开脱；

（2）如果是差流 TA 动作跳闸，一般检查电容器熔断器是否熔断，电容器电容量、绝缘电阻是否正常；

（3）如果是过电流动作，则需检查从断路器到电容器组整个系统的绝缘水平。

9. 金属氧化物避雷器

避雷器带电测试的数据，对于不同厂家、

不同型号、不同电压等级来说，差异较大，即使同一电压等级，也可能存在较大的差异，最好的方法是同一个间隔内的三相数据比较，以及该间隔的历年纵向数据比较。

六、电气试验典型案例分析

1. 110kV××变电站 35kV××线 427 断路器导电回路电阻超标

2015年3月30日，电气试验班在对110kV××变电站进行例行试验时，发现35kV××线427断路器C相导电回路电阻测试值较A、B相偏大(A相:35μΩ,B相37μΩ,C相48μΩ)，与2013年4月26日投产试验报告（A相:22μΩ，B相23μΩ，C相19μΩ）比较，三相数值均有增长，C相数值已接近注意值。2018年5月7日，该间隔停电检修，427断路器导电回路电阻测试时三相测试值又较2015年数值均有明显增长，C相最大，三相均超出试验标准（A相：161μΩ，B相89μΩ，C相280μΩ。试验标准：≤50μΩ）。随后，联系厂家人员于2018年5月9日处理，发现三相中间触头位置的表带式触指由于挤压或者操作次数过多等导致内部变形，致使中间触头部分接触不良，引起导电回路电阻增大，更换紧固后测试值恢复正常。本案例中现场图片见图 6-1～图 6-6。

图 6-1　上套管

图 6-2　下套管

2. 220kV××变电站 1 号主变压器 35kV 侧避雷器故障诊断

2013 年 12 月 24 日 9 时 10 分，220kV ××变电站 1 号主变压器 35kV 侧避雷器在线监

图 6-3　中间触头

图 6-4　真空灭弧室

图 6-5　中间触头内表带式触指内变形

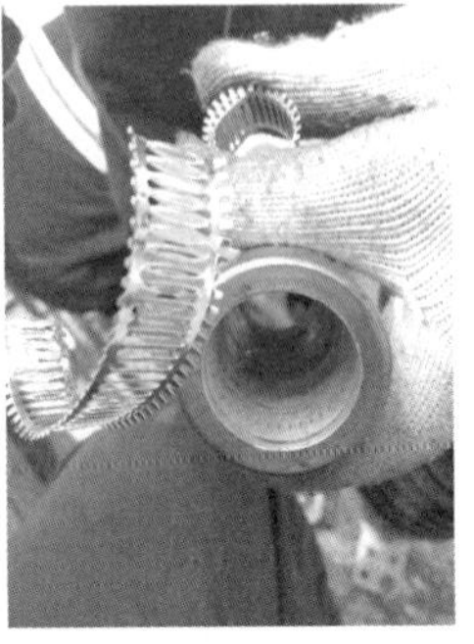

图 6-6　表带式触指更换

测数据异常，A 相全电流数据严重偏大，已达到 1550μA，B、C 相全电流数据正常，分别为 150、145μA，严重影响避雷器的正常工作，随时有爆炸的危险，极易造成 1 号主变压器 35kV 侧接地、短路等故障。对避雷器进行红外成像测温，发现 A 相避雷器有明显发热现象，热点温度为 40.1℃，B、C 相温度为 3.1、3.0℃，A、B 相温差为 37K，远大于 1K。故障原因为避雷器内部严重受潮所致，受潮原因是避雷器顶部密封不严，长期运行过程中潮气大量进入避雷器本体。避雷器解剖图及红外图谱见图 6-7。

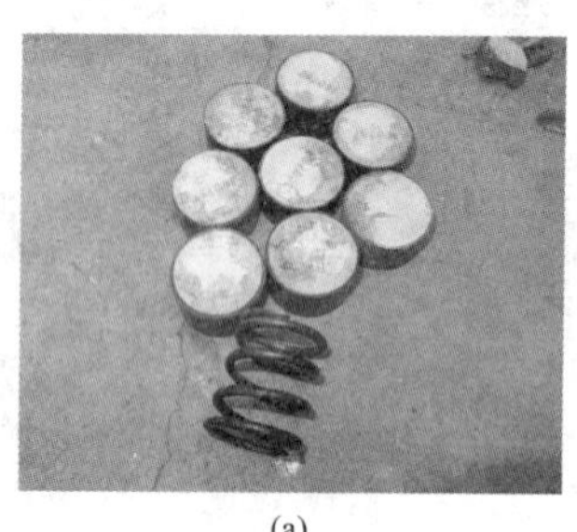

(a)

图 6-7 避雷器解剖图及红外图谱（一）

（a）氧化锌、弹簧受潮锈蚀照片

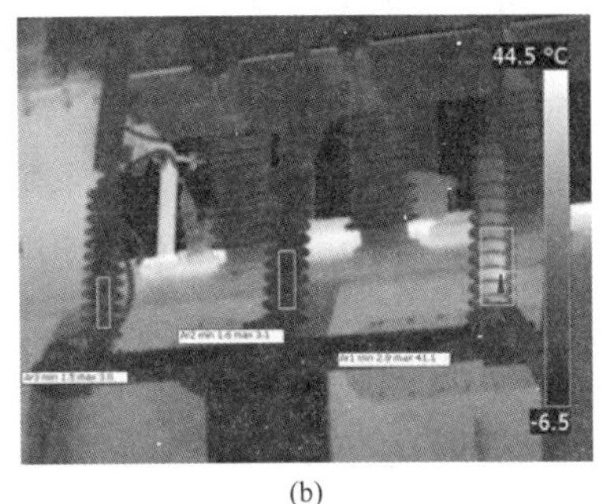

(b)

图 6－7　避雷器解剖图及红外图谱（二）

（b）三相整体红外图谱

3. 220kV××变电站 35kV 1 号站用变压器局部放电异常

2018 年 4 月 24 日，在 220kV××变电站春检工作中，发现 35kV 1 号站用变压器在空载运行状态下，C 相本体短接片附近超声 27dB，柜体 TEV 正常，超声定位处有白色痕迹，且该处红外成像为条状发热，与白色痕迹基本吻合，温度 42℃，B、C 相同一部位温度 23℃。2018 年 4 月 27 日停电试验结果正常，送电后该情况依然存在，且温度 48℃略有增长，经请示运检部，1 号站用变压器转为热备用，局部放电原因为站用变压器匝间绝缘局部劣化。2018 年 9 月 29 日，对该站用变压器进行更换处理，运行正常。1 号站用变压器局部解体检查，发现放电处绕组环氧树脂厚度只有 2mm，匝间有明显放电烧灼痕迹。产生原因为站用变压器制造工艺存在一定缺陷，运行十年来，绝缘薄弱处不断劣化，造成局部放电并引起明显温升。异常情况图片见图 6-8～图 6-11。

图 6-8　C 相白色痕迹

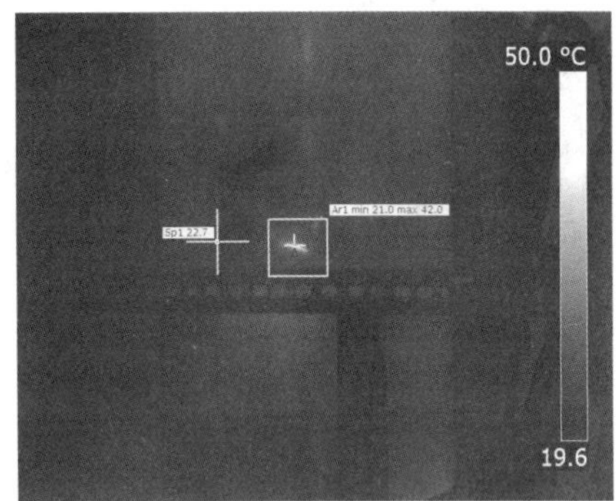

图 6-9　C 相红外图谱

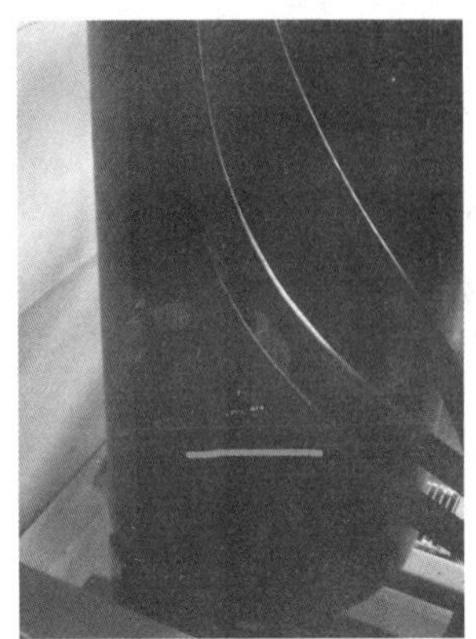

图 6-10　C 相电晕痕迹

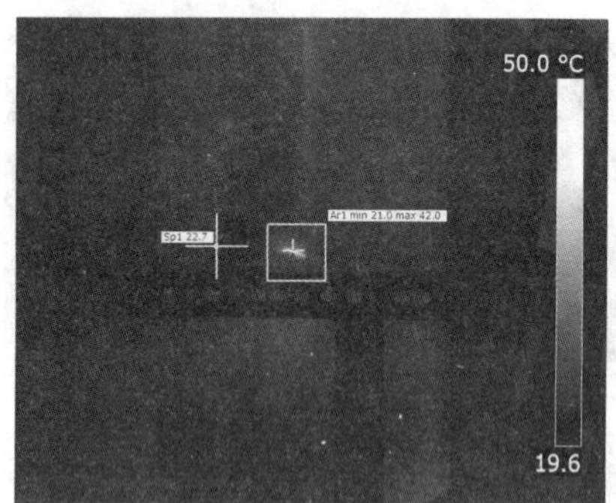

图 6－11　C 相紫外图谱

4. 220kV××变电站 35kV 2 号站用变压器柜 C 相避雷器局部放电

2015 年 7 月 22 日，220kV××变电站 35kV 2 号站用变压器后柜暂态地电压测试数据与其他柜相比整体严重偏大，最大相对值 32dB，大大超出 20dB 标准值，初步判定柜内设备存在较为严重的放电，放电位置为靠近后柜侧设备，异常放电严重影响 2 号站用变压器柜的正常运行。采用模拟加压的方法，找到 35kV 2 号站用变压器柜内局部放电是空穴放电，所以无超声信号，局部放电是由C相避雷器内部阀片松动引起的。避雷器阀片松动的原因主要为弹簧老化而弹力不足，阀片混装导致内部设计尺寸与实际产生误差。7月22日开关柜暂态地电位测试数据横向对比见图6－12，避雷器解体照片见图6－13。

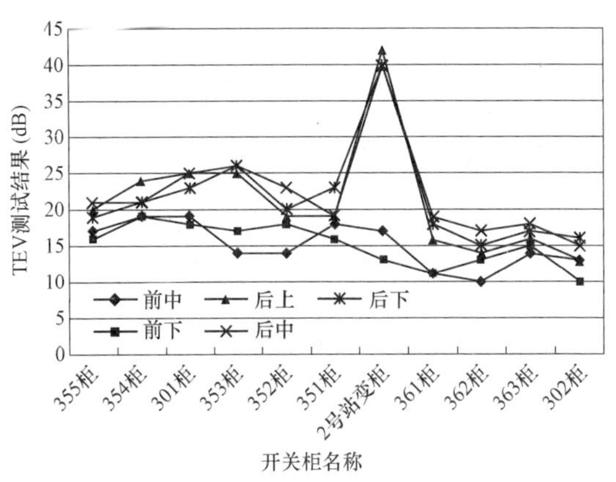

图6－12　7月22日开关柜暂态地电位测试数据横向对比

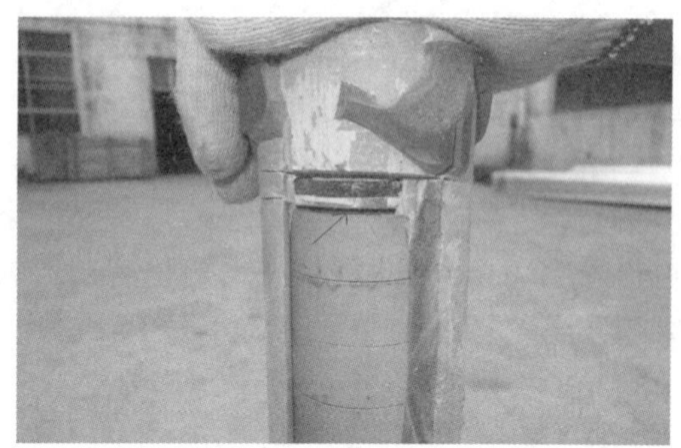

(a)

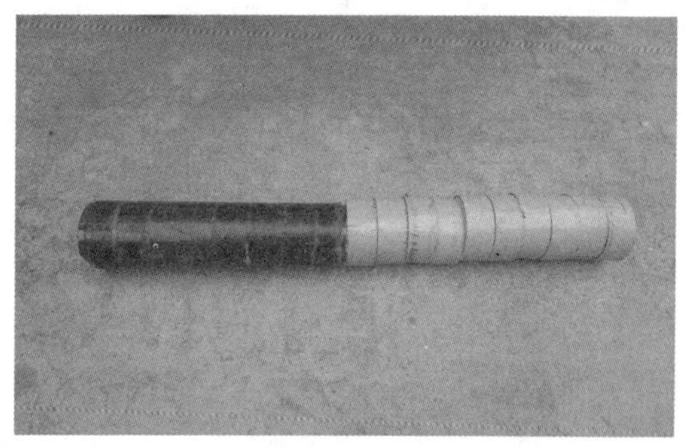

(b)

图 6-13　避雷器解体照片（一）

（a）避雷器内部间隙照片；（b）避雷器阀片照片

(c)

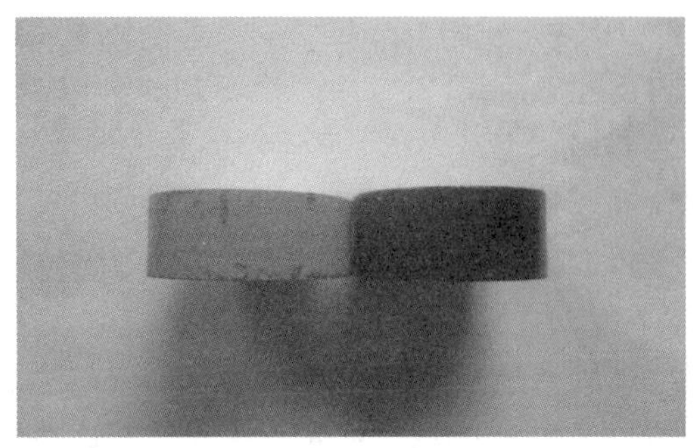

(d)

图 6-13 避雷器解体照片（二）

（c）避雷器弹簧尺寸照片；（d）避雷器阀片尺寸对比照片

5. 110kV××变电站 110kV 分段 160 电流互感器 C 相温度异常

2018 年 7 月 25 日，在 110kV××变电站变电检修工作中，发现 110kV 分段 160 电流互感器 C 相顶部温度异常，三相温度依次为 37、37、42℃，环境温度为 30℃，当时负荷为 160A。该电流互感器于 2018 年 5 月 10 日投运，投运天数为 77 天，其中热备用 66 天，运行 10 天，短时间内出现发热迹象初步怀疑是内部接触不良。2018 年 7 月 30 日，分段 160 为热备用状态，对电流互感器温度进行复测，电流互感器顶部测温正常，进一步排除内部放电的可能。

2018 年 8 月 1 日，××变电站停电试验，电气试验人员对停电后的分段 160 电流互感器进行了外观检查、诊断性试验和油色谱分析，外观检查无异常，油位正常，绝缘电阻和介质损耗试验数据合格，三相直流电阻依次为 0.4473、0.4422、1.570mΩ，C 相试验结果明显偏大，互差高达 137.6%，根据 GB 50150—2016《电气装置安装工程　电气设备交接试验标准》中“同型号、同规格、同批次电流互感器绕组的直流电阻和平均值的差异不宜大于 10%”的规定，C 相直流电阻试验不合格。该电流互感器绕组直流电阻 C 相明显偏大，为一次绕组引出接头连接不良。运行时间仅 77 天就出现直流电阻明显增长，长期下去会造成绝缘油劣化，严重影响电流互感器的正常工作，于是进行更换处理。三相温度异常的红外图谱见图 6－14～图 6－17。

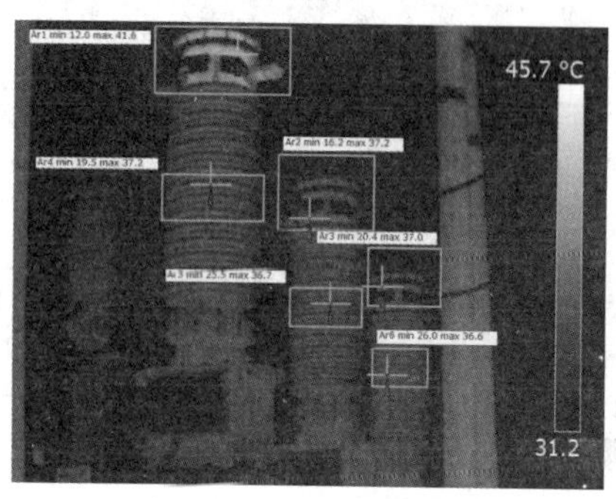

图 6－14　三相红外图谱

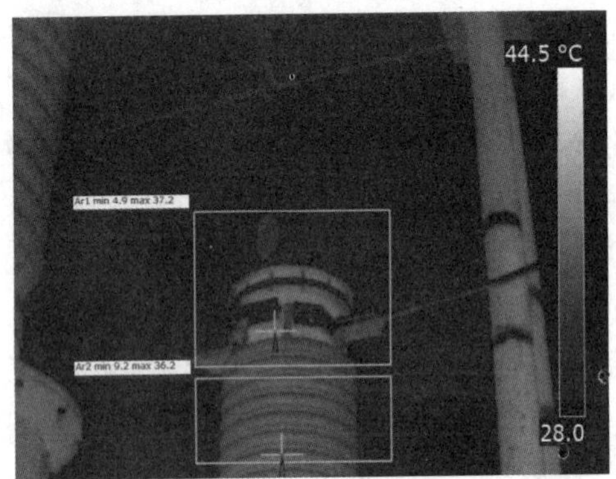

图 6－15　A 相红外图谱

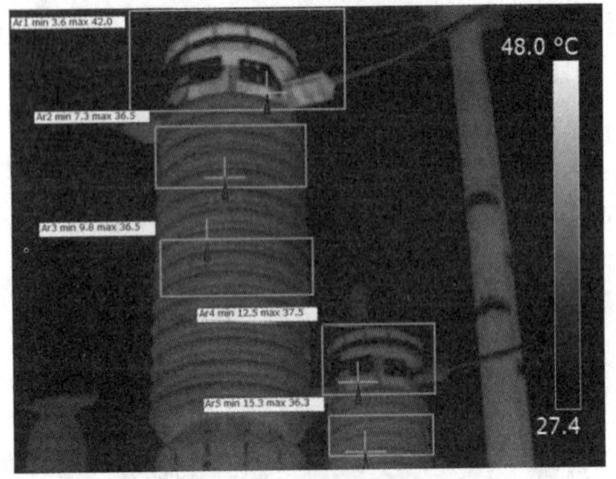

图 6－16　B、C 相红外图谱

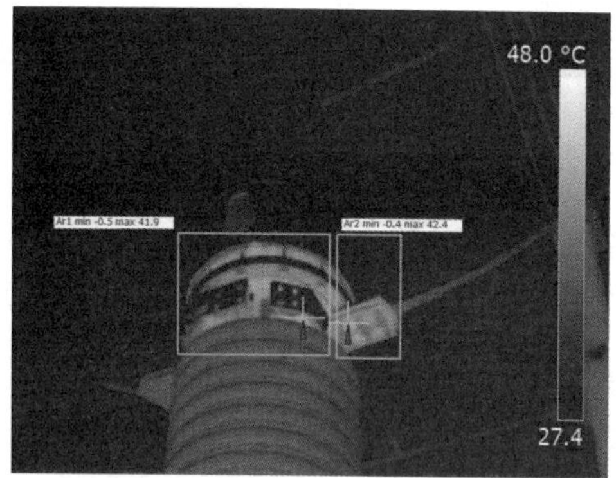

图 6－17　C 相红外图谱

6. 电容分解法分析主变压器绕组变形故障

现场应用电容分解法测试某故障变压器，绕组电容量值见表 6－1。

表 6－1　　故障变压器绕组电容量测试结果

被测绕组	接地部位	本次测量值（pF）	出厂值（pF）	初值差（%）
低压绕组 C_d	高压、中压、铁芯	31 680	28 670	+10

续表

被测绕组	接地部位	本次测量值（pF）	出厂值（pF）	初值差（%）
中压绕组 C_z	高压、低压、铁芯	22 080	22 390	−1.4
高压绕组 C_g	中压、低压、铁芯	15 650	15 550	+0.64
高、中压绕组 C_{gz}	低压、铁芯	18 610	19 050	−2.3
高、中、低压绕组 C_{gzd}	铁芯	30 950	27 560	+12

由表 6–1 可以看出，低压绕组对高、中压绕组及地的电容量初值（差）达到 10%，测试值有异常（GB 50150—2016 中变压器本体电容量与初值差不大于±3%）。根据三绕组变压器绕组电容量电容等值图及等效方程组分析异常部位，如图 6–18 所示。

将表 6–1 中的绕组测量电容值代入方程组，可解出各绕组间的电容量 C_1、C_2、C_3、C_4 和 C_5，见表 6–2。由此可见，变化较大的

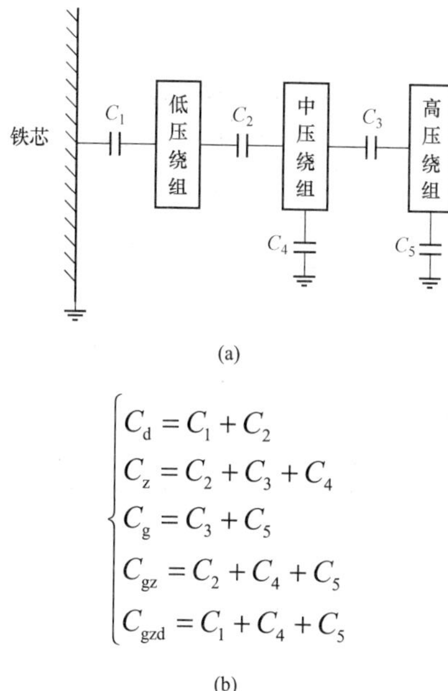

图 6－18　三绕组变压器绕组电容等值图

（a）等效电容图；（b）等效方程组

是低压绕组对铁芯的 C_1 及低压绕组对中压绕组间的 C_2。前者为正偏差，后者为负偏差。经解体检查，低压绕组向铁芯方向发生了明显的内凹变形。

表 6－2　分解换算为绕组电容量后与出厂值比较

测试部位	测量值（pF）	出厂值（pF）	初值差（%）
C_1	22 010	18 590	+18
C_2	9670	10 080	－4.2
C_3	9650	9445	+1.2
C_4	2850	2865	－0.52
C_5	6090	6105	－0.25

当低压绕组发生变形时，电容 C_1 增大，C_2 减小，如果不用电容分解法，测 C_d（为 C_1 和 C_2 之和）时结果变化量可能较小。在理论上存在低压绕组严重变形，低压绕组电容 C_d 可能不变，对最后分析判断不灵敏，应结合频响法、低电压短路阻抗综合分析。

试验现场记录页

试验现场记录页

试验现场记录页

试验现场记录页

试验现场记录页

试验现场记录页

试验现场记录页

试验现场记录页

试验现场记录页

试验现场记录页

试验现场记录页

试验现场记录页

试验现场记录页

试验现场记录页

试验现场记录页

试验现场记录页

试验现场记录页

试验现场记录页

试验现场记录页

试验现场记录页

试验现场记录页

试验现场记录页

试验现场记录页

试验现场记录页

试验现场记录页

试验现场记录页

试验现场记录页

试验现场记录页

试验现场记录页

试验现场记录页

试验现场记录页

试验现场记录页

试验现场记录页

试验现场记录页

试验现场记录页

试验现场记录页

试验现场记录页

试验现场记录页

试验现场记录页

试验现场记录页

试验现场记录页

试验现场记录页

试验现场记录页

试验现场记录页

试验现场记录页

试验现场记录页

试验现场记录页

试验现场记录页

试验现场记录页

试验现场记录页

试验现场记录页

试验现场记录页

试验现场记录页

试验现场记录页

试验现场记录页

试验现场记录页